Sitzungsberichte
der Heidelberger Akademie der Wissenschaften
Stiftung Heinrich Lanz
Mathematisch-naturwissenschaftliche Klasse
Jahrgang 1926. 8. Abhandlung.

Zur Windefrage

Von

L. Jost und **G. v. Ubisch**

Vorgelegt durch L. Jost in der Sitzung vom 24. Juli 1926

Mit 2 Abbildungen im Text

Berlin und Leipzig 1926
Walter de Gruyter & Co.
vormals G. J. Göschen'sche Verlagshandlung / J. Guttentag, Verlagsbuchhandlung / Georg Reimer / Karl J. Trübner / Veit & Comp.

Zur Windefrage.

Im nächsten Jahr wird ein Jahrhundert verflossen sein seit dem Erscheinen von HUGO MOHLS Arbeit „über den Bau und das Winden der Ranken- und Schlingpflanzen". Trotz vieler und eindringender Arbeit bleiben auch heute noch viele Fragen über das Zustandekommen der Windungen bei den Schlingpflanzen ungelöst; ja man kann wohl sagen, daß grade über die Grundfragen noch durchaus keine Einigkeit erzielt ist, und daß sogar in den letzten Jahren die Gegensätze der Auffassungen wieder härter aufeinanderprallen als zuvor.

Unsere Studien wurden in der Absicht unternommen, gewisse Erfahrungen und Methoden der neueren Reizphysiologie auf die Windepflanzen zu übertragen. Sie wurden im Sommer 1922 begonnen und seitdem stets in der guten Jahreszeit fortgesetzt. Erst als wir einige Resultate bekommen hatten, wurde uns eine Arbeit von ÚLEHLA aus dem Jahre 1920 bekannt, der schon zu ähnlichen Erfahrungen gekommen ist wie wir. So haben wir zunächst kurz über die Ergebnisse seiner Arbeit zu berichten.

ÚLEHLA hat die kreisenden Spitzen von Pharbitissprossen vertikal in Verlängerung der Stütze festgebunden und mehrere Stunden lang auf dem Klinostaten derart rotieren lassen, daß die Stütze und auch die Spitze in die Verlängerung der horizontalen Klinostatenachse fiel. Auf diese Weise wurde erzielt, daß alle Nachwirkungen früherer tropistischer Reize ausklingen mußten.

Wurde nun eine solche „reizlose" Spitze erneut in Horizontallage gebracht, so traten in kurzer Zeit Krümmungen zweierlei Art an ihr auf, nämlich

1. eine Einkrümmung in horizontaler Ebene, entgegengesetzt dem Uhrzeiger, also im Sinne der für Pharbitis üblichen kreisenden Bewegung („Seitenkrümmung"),
2. eine allmähliche Hebung des ganzen so gebildeten Bogens („Aufkrümmung").

Daß es sich dabei wirklich um zwei distinkte Bewegungen handelt, hat ÚLEHLA dadurch bewiesen, daß es ihm gelang, für beide verschiedene Präsentations- und Reaktionszeit, verschiedene Abhängigkeit von der Temperatur und endlich eine verschiedene Lokalisation des Maximaleffektes nachzuweisen.

a) Präsentationszeit. Wurde die Spitze nicht dauernd bis zum Eintritt der geschilderten Krümmungen, sondern nur kurze Zeit horizontal gehalten und dann wieder wie zuvor auf dem Klinostaten rotiert, so traten als Nachwirkungen dieselben Bewegungen ein (nur schwächer) wie bei dauernder Reizung.

Bei 21—23° C erfolgte nach 30″ Reizung noch eine ansehnliche Seitenkrümmung, aber kaum noch eine Hebung. Die Präsentationszeit ist also für die erstere zweifellos kleiner als für die letztere. Die unterste Grenze der Präsentationszeit der Seitenkrümmung zu bestimmen, war Úlehla nicht möglich. Bei hoher Temperatur betrug sie jedenfalls nur ganz wenige Sekunden.

b) Die Reaktionszeit für die Seitenkrümmung wurde bei 21—23° C zu 10—12 Minuten, für die Aufkrümmung zu 15—17 Minuten gefunden.

c) Mit sinkender Temperatur erlosch zuerst die Aufkrümmung, wenn die Seitenkrümmung noch gut ausgebildet wurde.

d) An der Spitze des kreisenden Sprosses überwog mehr die Seitenkrümmung, an der Basis mehr die Aufkrümmung. Ganz kurze, 2 cm lange Spitzen waren also besonders geeignet, die Seitenkrümmung allein zu zeigen, während bei längeren die Aufkrümmung rasch dazu trat.

Für Úlehla ist nun die Aufkrümmung nichts anderes als negativer Geotropismus, die Seitenkrümmung aber Nolls Lateralgeotropismus. Er erblickt also in seinen Beobachtungen eine Bestätigung für die Nollsche Theorie des Kreisens.

Eine Nachprüfung Úlehlas hat uns völlige Bestätigung seiner Befunde ergeben. Wir versuchten aber auch weiter zu kommen, die beiden Bewegungen noch deutlicher zu trennen als das Úlehla möglich war. Wenn Úlehla die Aufkrümmung völlig zum Verschwinden bringen wollte, mußte er ganz kurze Reize anwenden, nach denen dann auch nur sehr geringe Seitenkrümmungen zu erwarten waren. Da nun die Seitenkrümmung eine kürzere Präsentationszeit hat als die Aufkrümmung, schien es wohl möglich, mehrere kurze Einzelreize, die von Ruhepausen unterbrochen waren, so zu summieren, daß dadurch die Einkrümmung mehr gefördert wurde als die Aufkrümmung; so hofften wir die Einkrümmung deutlicher machen zu können. Da die Pflanzen während der „Ruhe"pausen eine rasche Rotation auszuführen hatten, so ergab sich die Versuchsanordnung von selbst so: zuerst Rotation in horizontaler Lage bis zum Verschwinden aller Nachwirkungen, dann Fortsetzung derselben Rotation, die nun aber in bestimmten zeitlichen Abständen und für bestimmte Dauer derart unterbrochen wurde, daß immer die gleiche Flanke intermittierend geotropisch gereizt wurde.

Als Versuchspflanze benutzten auch wir Pharbitis hispida (Ipomoea purpurea), da diese bei Temperaturen über 20 ° am regelmäßigsten kreist und ihre Spitze fast genau horizontal einstellt. Calystegia hat ein zu kurzes horizontales Ende, und Phaseolus fanden wir individuell recht verschieden.

Die Pflanzen, die große Helligkeit brauchen, wurden einzeln im Gewächshaus in kleinen Töpfen gezogen. Wenn sie geeignete Länge für den betreffenden Versuch erreicht hatten, wurden sie mit einer dünnen gläsernen Stütze, die möglichst genau in die Mitte des Topfes gesteckt wurde, versehen und auf dem Topfhalter angebracht; dann wurde durch Gips die Erde mit der Stütze fest verbunden. Die Spitze wurde so befestigt — ebenfalls durch Gips — , daß sie in Verlängerung der Stütze stand, also bei späterer Rotation sich in der Verlängerung der horizontalen Klinostatenachse befand. Eine ganz genaue horizontale Orientierung der Rotationsachse ist unbedingt nötig, denn bei der ungewöhnlich großen geotropischen Empfindlichkeit (Präsentationszeit von wenigen Sekunden) würde sonst unbedingt geotropische Reizung erfolgen. Zur Vermeidung von Zentrifugalkräften ist ferner nötig, die Spitze genau in die Verlängerung der Klinostatenachse zu bringen. Trotz aller solcher Vorsichtsmaßregeln findet man doch immer einzelne Pflanzen, die nach mehrstündiger Rotation gekrümmte Spitzen haben. Sie werden von weiteren Versuchen ausgeschlossen. Andere Pflanzen bleiben aber, auch wenn die Rotation die ganze Nacht über gedauert hat, vollkommen gerade. Mit solchen allein kann weiter gearbeitet werden. Die Rotation wurde bei den ersten Versuchen am PFEFFERschen Klinostaten mit der schnellsten Achse — langsame Einstellung — (2—3 Minuten Umdrehungsgeschwindigkeit) ausgeführt. Diese schnelle Rotation ist wegen der Gefahr von Zentrifugalwirkung ungünstig, ist aber wegen der Versuche selbst nicht zu vermeiden, weil die Achse natürlich während eines Versuches nicht gewechselt werden kann, und die langsame Umdrehung keine kurzen Pausen in der Reizung ermöglicht hätte. Der Versuch wurde dann in der Weise angestellt, daß durch ein optisches oder akustisches Signal eine Stelle bei der Rotation gekennzeichnet wurde. Eine oder zwei Stunden vor Beginn des Versuches wurde die Pflanze schon genau beobachtet, indem alle paar Minuten — beim Passieren der durch das Signal gekennzeichneten Lage — auf einer Glasplatte in gleich zu beschreibender Weise ihre Horizontal- und Vertikalprojektion gezeichnet wurde. So konnte kontrolliert werden, ob keinerlei Krümmung eintrat. Erst wenn dieses festgestellt war, wurde der eigentliche Versuch begonnen. Die Rotation wurde im Moment, wo das optische oder akustische Zeichen erfolgte, sistiert, und die Pflanze eine bestimmte Zeitlang geotropisch gereizt. Darauf wurde die Drehung wieder aufgenommen und eine evt. Krümmung während der weiteren Drehung konstatiert. Statt einer einmaligen Reizung konnte auch eine mehrfache, von Rotationen unterbrochene, vorgenommen werden, wobei immer genau an der gleichen Stelle arretiert wurde.

Im zweiten Jahr konnten wir statt des PFEFFERschen einen DE BOUTERschen Klinostaten benutzen, für dessen Anschaffung uns die Gesellschaft der Freunde der Universität Heidelberg die Mittel bewilligt hat.[1]) Wir brauchten das Instrument gewöhnlich ohne die Regulation durch das Sekundenpendel, da wir mit Akkumulatorenstrom arbeiteten. Auch so hatte es vor dem PFEFFERschen Klinostaten für uns zwei große Vorzüge: Einmal ist die Gleichmäßigkeit der Umdrehung von kleinen Exzentrizitäten der bewegten Last ganz unabhängig, und dann kann der Topfhalter zunächst auf die vertikale Achse aufgesetzt werden und die Horizontalstellung der Achse erst nach Schluß aller vorbereitenden Arbeiten in kürzester Zeit ausgeführt werden. Die Arretierung kann ganz plötzlich erfolgen; beim Anlaufen wird sofort wieder die richtige Geschwindigkeit erzielt.

Die Registrierung der Versuche geschah durch Aufzeichnung auf eine Glasplatte, die mit einer Netzeinteilung versehen war, so daß man auch bei schneller Drehung leicht die Stelle aufzeichnen konnte, wo sich die Pflanze beim Durchgang durch die markierte Lage befand. 10—20 cm über der Glasplatte war ein Stück schwarzer Karton angebracht, der mit einem feinen Loch versehen war, durch das die Platte anvisiert wurde. Dadurch erhält man stets genau dieselbe Einstellung des Auges zur Glasplatte. Unter 45 ^{0} zu der Glasplatte befand sich ein Spiegel, der die horizontale Projektion des Sprosses ebenfalls nach oben warf: bei geeigneter Entfernung der Pflanzenspitze von Spiegel und Glasplatte erhält man so beide Projektionen nebeneinander. Das erleichtert die Beobachtung bedeutend. Eine dritte Projektion: die von vorn, war für uns unnötig und wurde daher fortgelassen.

Es wurden nun in den kritischen Zeiten im Abstand weniger Minuten mit Tusche die Konturen der Spitze auf die Platte gezeichnet. Am Schluß des Versuches wurden dann diese Linien auf feines Pauspapier durchgezeichnet und so die Krümmungen festgehalten. Da durch Einschiebung des Spiegels die beiden Projektionen nicht ganz genau in gleicher Größe erfolgten, konnte als Maß der Krümmung nicht die Abweichung der Spitze von der ursprünglichen Lage benutzt werden, vielmehr mußten

---

[1]) Wir benutzen die Gelegenheit, der Gesellschaft unseren besten Dank auszusprechen.

Winkelmessungen erfolgen. Es wurde der Winkel bestimmt, den die gerade gebliebene Spitze mit dem gerade gebliebenen Basalteil bildete.

Die Empfindlichkeit der Pflanzen ist weitgehend von Jahreszeit, Temperatur und Belichtung abhängig. Die einwandfreisten Resultate würde man erhalten, wenn man an ein und derselben Pflanze die verschiedenen Versuche hintereinander anstellen könnte. Doch ist dies nur in den seltensten Fällen möglich, dann nämlich, wenn die ersten Reizungen so gering sind, daß sie im Verlauf einiger Stunden wieder ganz rückgängig werden. Aber auch dann ist die Pflanze nicht mehr die gleiche, da sie beim Wachsen ihre Empfindlichkeit ändert; auch verträgt sie nicht lange die Zimmerluft.

Jede Versuchspflanze trägt eine bestimmte Nummer. Wenn also in den Protokollen eine Nummer mehrfach vorkommt, so bedeutet das, daß mit einer Pflanze mehrere Versuche hintereinander gemacht wurden.

Man kann bei der Entwicklung der Windepflanzen zwei Phasen unterscheiden:

1. die Pflanze steht aufrecht, sie kreist noch nicht,
2. die Pflanze kreist mit mehr oder weniger horizontal gerichteter Spitze oder sie windet, wenn ihr eine Stütze im Wege steht.

I. Untersuchung des geotropischen Verhaltens der ersten Phase.

In dieser ersten Phase verhält sich die Pflanze völlig wie ein typisch negativ geotropischer Stengel. Wird sie also horizontal gelegt, so krümmt sie sich einfach auf, ohne jede Seitenkrümmung. Wird die Pflanze zuerst am Klinostaten rotiert und dann erst horizontal gelegt, so ergibt sich das gleiche Resultat.

Wird statt einer Dauerreizung bis zum Eintritt der Krümmung eine kurze Reizung gewählt oder werden mehrere ganz kurze von Rotationen unterbrochene Reize verwendet, so ergibt sich folgendes: (s. Tab. I)

Die Tabelle berichtet über Versuche mit Gesamtreizung von 15 Sekunden bis zu 15 Minuten. Die kürzesten von 15 und 30 Sekunden sind einmalige Reize, die längeren sind (mit Ausnahme der beiden ersten Versuche) durch Addition mehrerer Reize von 5—30 Sekunden entstanden, wobei das Verhältnis von Einzelreiz zu Ruhe (Rotation) zeitlich zwischen

1 : 2 und 1 : 24 variiert wurde. Überall ergab sich eine reine Aufkrümmung ohne jede Seitenkrümmung.

Man kann also sagen: im ersten Stadium existiert an der Windepflanze nur reiner negativer Geotropismus.

Tabelle I.

Aufrechte, noch nicht kreisende Pflanzen.

1 Nummer	2 Temp.	3 Einzelreizung	4 Pause	5 Gesamtreizung	6 Verhältnis Reiz/Ruhe	7 Lateralkrümmung	8 Aufkrümmung	9 Lateralkr.-Winkel	10 Aufkr.-Winkel
108		dauernd				—	+		90°
178		15′				—	+		60°
152		30″	60″	5′	1 : 2	—	+		83°
153		30″	120″	5′	1 : 4	—	+		80°
154		15″	120″	5′	1 : 8	—	+		30°
154		30″		30″		—	—		
156		15″	120″	2′	1 : 8	—	+		40°
157		15′	180″	2′	1 : 12	+	+	3°	30°
157		15″		15″		—	—		
160	19,5°C	5″	120″	2′	1 : 24	—	+		30°
161	21°C	15″	30″	3′	1 : 2	—	+		30°
162	21°C	15″	30″	3′	1 : 2	—	+		30°
163	warm	5″	30″	2′	1 : 6	—	—		

In dieser Tabelle bedeutet:

Spalte 3 die Dauer des Einzelreizes.

Spalte 4 die Größe der Pause (Rotation) zwischen zwei Einzelreizen.

Spalte 5 die Summe der Dauer aller Einzelreize.

Spalte 6 das Verhältnis von Reizdauer zu Ruhe.

Spalte 7 u. 8: Ein + bedeutet, daß die betr. Krümmung eingetreten, ein —, daß sie nicht eingetreten ist.

Spalte 9 u. 10 gibt als Maß für die Größe der Krümmung den Krümmungswinkel an.

II. Untersuchung des geotropischen Verhaltens in der zweiten Phase.

Kontinuierliche Reizung (Tab. II) wurde von 13—240 Sekunden Dauer durchgeführt. Die erste Seitenkrümmung wurde nach einer Reizung von 15 Sekunden erhalten, eine Aufkrümmung erst nach 90 Sekunden Reizung. Beide Krümmungen beginnen etwa nach

20 Minuten und erreichen nach etwa 30 Minuten ihr Maximum, immerhin tritt das Maximum der Aufkrümmung etwas früher ein als das der Seitenkrümmung.

Tabelle II.

Kreisende Pflanzen. Kontinuierliche Reizung.
April/Mai 1924.

1 Nummer	2 Temp.	3 Gesamt-reizung	4 Lateral-krümmung	5 Auf-krümmung	6 Lateral-krümm.-Winkel	7 Auf-krümm.-Winkel
122		13″	—	—		
87	20°C	15″	+	—	3°	
78	16°C	1′	+	—	5°	
88 b	16,5°C	1,5′	+	+	10°	10°
68 a		3′	+	+	40°	40°
68 a		3′	+	+	18°	18°
87	20°C	4′	+	+	30°	26°
122		4′	+	+	30°	18°

Die Versuche, die über Summierung sehr kurzer Reize angestellt wurden, sind in den folgenden Tabellen zusammengestellt:

Tabelle III, 1.

Kreisende Pflanzen. Fraktionierte Reizung.
April/Mai 1924.

1 Nummer	2 Temp.	3 Einzel-reizung	4 Pause	5 Ge-samt-reizung	6 Ver-hältnis Reiz/Ruhe	7 Late-ral-krüm-mung	8 Auf-krüm-mung	9 Late-ralkr.-Winkel	10 Auf-kr.-Winkel
81	18°C	15″	85″	1,5′	1 : 6	+	+	50°	10°
88 a		15″	13″	1,5′	1 : 1	+	—	10°	
80	16°C	15″	65″	2′	1 : 4	+	+	16°	6°
95	warm	15″	15″	2′	1 : 1	+	+	40°	15°
110		15″	12″	2′	1 : 1	+	+	70°	10°
95	warm	10″	24″	3′	1 : 2,4	+	+	50°	10°
122 a		10″	12″	4′	1 : 1,2	+	—	20°	
122 b		15″	5″	4′	3 : 1	+	+	25°	25°
88 c	16,5°C	15″	15″	4′	1 : 1	+	+	10°	5°
88 d		30″	13″	4′	3 : 1	+	+	5°	5°
876	20 °C	30″	14″	4′	2 : 1	+	+	40°	3°
92 c		15″	20″	5′	3 : 4	+	+	30°	20°
92 b	18°C	30″	15″	6′	2 : 1	+	+	30°	20°
122 d		60″	40″	10′	1,5 : 1	+	+	95°	40°

Tabelle III, 2.

April/Mai 1925.

1 Nummer	2 Temp.	3 Einzelreizung	4 Pause	5 Gesamtreizung	6 Verhältnis Reiz / Ruhe	7 Lateralkrümmung	8 Aufkrümmung	9 Lateralkr.-Winkel	10 Aufkr.-Winkel
164	20,5°C	15″	30″	2′	1 : 2	—	—		
164	20,5°C	3′		3′		+	+	70°	10°
163	warm	5″	30″	2′	1 : 6	—	—		
163	warm	10″	30″	2′	1 : 3	—	—		
162		15″	30″	3′	1 : 2	+	+	40°	20°
161	21°C	15″	30″	3′	1 : 2	—	—		
159	20°C	30″	30″	5′	1 : 1	+	+	30°	20°
159		5′		5′		+	+	30°	15°
159		30″	30″	10′	1 : 1	+	+	45°	40°
145		15″	3″	2′	5 : 1	+	—	30°	
146	20°C	15″	15″	4′	1 : 1	+	—	70°	
147		2′		2′		+	+	40°	15°
148	17°C	15″	15″	4′	1 : 1	+	+	50°	20°
148		4′		4′		+	+	70°	40°
149	19,5°C	15″	15″	4′	1 : 1	+	—	20°	
149		4′		4′		+	+	25°	15°

Es wurden zwei Serien von Versuchen ausgeführt in verschiedenen Jahren. Die Ergebnisse sind nicht miteinander vergleichbar, da ganz verschiedene Empfindlichkeit bei den Pflanzen bestand.

Bei der einen Serie (III 2) wurden zunächst in fast allen Versuchen, in denen die Dauer des Einzelreizes kleiner war als die der Ruhepause (Rotation), überhaupt keine Krümmung erhalten; die Gesamtreizung betrug 2—10 Minuten. Erst als Reiz und Ruhe gleich groß gemacht waren, traten stets Seitenkrümmungen auf; freilich dann meistens auch gleich Aufkrümmungen. Aber die Aufkrümmungen bleiben doch stark hinter den Einkrümmungen zurück und unterbleiben in 3 Versuchen völlig. In der anderen Versuchsreihe (III 1) war die Empfindlichkeit viel größer. Hier gelang es, Einzelreize von 10 Sekunden oder mehr Dauer so zu summieren, daß bei einer Gesamtreizzeit von 1,5 Minuten und mehr und bei einem Verhältnis von Reiz zu Ruhe wie 3 : 1 bis 1 : 6 immer der erwartete Effekt eintrat.

Um ein Bild von der Größe der Reaktion zu geben, seien in Fig. 1 und 2 einige Versuche auch graphisch wiedergegeben.

Im Prinzip müßte es möglich sein, mit der von uns angewandten Methode schließlich die Lateralkrümmung allein zur Erscheinung zu bringen und die Aufkrümmung ganz verschwinden zu lassen. Dem stehen aber technische Schwierigkeiten entgegen, die in der weiteren Verkürzung des Einzelreizes liegen.

Überblickt man diese Versuche, so zeigt sich, daß es durch Summierung kleiner Reize in der Tat gelingt, die Seitenkrümmung mehr zu vergrößern als die Aufkrümmung, so daß wir ÚLEHLA bestätigend sagen müssen, daß zwei verschiedene Krümmungen bei der kreisenden Pflanze durch geotropische Reizung erzielt werden. Dabei ist zu betonen, daß die Einkrümmung — also der Lateralgeotropismus — sich in jedem

Figur I.

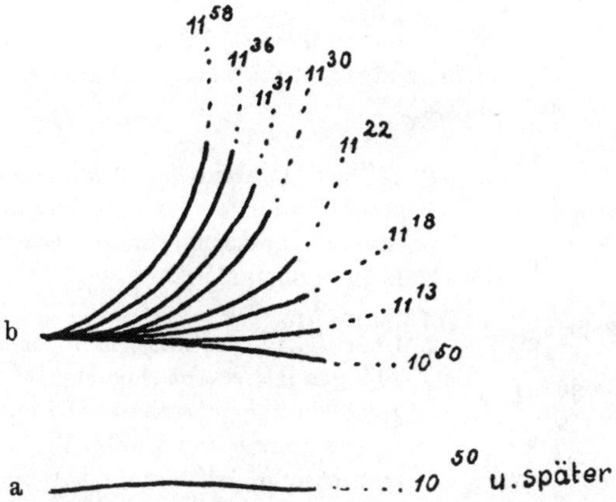

Versuchsnummer 152. (Siehe Tabelle I dritte Reihe). April 1925.

Die noch nicht rotierende Pflanze wurde 2 Stunden am Klinostaten gedreht, dann 10 mal je 30″ gereizt, dazwischen je 1 Min. gedreht. Beginn der Reizung 10^{50}. Die Krümmung ist 11^{58} noch nicht ganz abgeschlossen, stößt aber oben an der Glasplatte an, kann also nicht weiter verfolgt werden. Die Aufkrümmung gibt Zeichnung b wieder, die Lateralkrümmung a.

einzelnen Versuch mit großer Geschwindigkeit an der Stelle zeigt, wo sie nach NOLL auftreten muß, also stets an der gereizten Flanke. Würde die Zone maximalen Wachstums autonom den Stengel umkreisen, so müßte doch öfter eine Krümmung in anderem Sinn eintreten. Wichtig ist es, auch zu betonen, daß die Schnelligkeit des Reaktionseintrittes und vor allem die so kurze Präsentationszeit deutlich zeigen, daß die Vorbehandlung auf dem Klinostaten nicht etwa die Sensibilität der Windepflanze vernichtet oder auch nur geschädigt hat.

Während wir also die Ergebnisse ÚLEHLAS voll bestätigen konnten, stellt sich RAWITSCHER (1924) ganz anders zu ihnen. Er hat ÚLEHLAS Publikation erst nach Fertigstellung seiner Arbeit kennen gelernt und meint, die Seitenkrümmungen könnten dadurch vorgetäuscht sein, daß

„eine normale orthotrope geotropische Reaktion durch Torsionen in eine seitliche verwandelt“ worden sei.

Rawitscher selbst hat sich eine Vorstellung von der kreisenden Bewegung gebildet, die ganz weit von der Nollschen abweicht. Das vermehrte Wachstumsbestreben läuft nach ihm (S. 24) „autonom um den Sproß herum“. Er kehrt also zur Darwinschen Auffassung zurück. Seine wichtigsten Beweise für diese Autonomie der kreisenden Bewegung sind

Figur II.

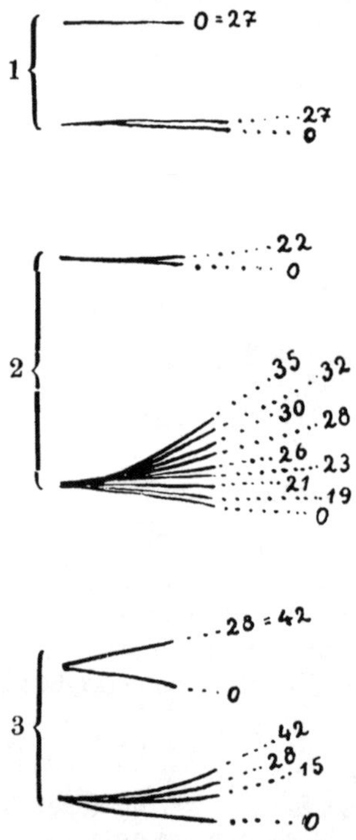

Versuchsnummer 87. (Siehe Tabelle II Reihe 2. und 7. und Tab. III 1, Reihe 4. von unten.)

Die nutierende Pflanze wurde des Nachts am Klinostaten rotiert 9. 4. 1924 bei 20° C. Dann vormittags

1. 15″ gereizt, dann mit 2 Min. 25″ Umdrehungsgeschwindigkeit gedreht: Resultat sehr kleine Lateralkrümmung (unten) von 3°, keine Aufkrümmung (oben).

2. Über Mittag rotiert, dann nachmittags 8mal 30″ gereizt, dazwischen mit 14″ Umdrehungsgeschwindigkeit rotiert. Resultat eine starke Lateralkrümmung (unten) von etwa 40°, und sehr geringe Aufkrümmung (oben) von etwa 3°.

3. Des abends 4 Minuten kontinuierlich gereizt, zeigt Lateralkrümmung von etwa 30° (unten), Aufkrümmung (oben) von etwa 26°. (Die Gesamtempfindlichkeit der Pflanze ist schon merklich herabgesetzt, sonst müßte diese letzte Reizung die stärkste Lateralkrümmung ergeben.)

zweifellos die Baranetzkischen Transversal-Krümmungsversuche, die in zweifacher Weise ausgeführt werden können. a) Wird ein bereits kreisender Sproß eines Linkswinders so horizontal gelegt, daß die voranschreitende Flanke nach oben schaut, und wird eine Aufkrümmung dadurch unmöglich gemacht, daß dem Sproß nur der enge Raum zwischen zwei horizontalen im Abstand von 6 mm aufgestellten Glasplatten zur Verfügung steht, so tritt rasch eine Einkrümmung auf, bei der die stärkste Verlängerung lange Zeit auf derjenigen Flanke bleibt, die bei Beginn des Versuches am stärksten wuchs. b) Wird der Sproß ebenfalls zwischen zwei Glasplatten horizontal gelegt, aber so, daß die vorausgehende

Flanke bei normalem Weitergang der Bewegung sich nach unten wenden müßte, so erfolgt zunächst Geradestreckung des Bogens und dann Einkrümmung nach der entgegengesetzten Seite. Beide Versuche sind bei RAWITSCHER S. 17 abgebildet.

Der erste Eindruck, daß sie eine Bestätigung der NOLLschen Theorie seien, wonach eben immer die rechte Flanke zu stärkstem Wachstum gereizt wird, ist aber nach RAWITSCHER deshalb falsch, weil tatsächlich diese Flanke gar nicht an Ort und Stelle bleibt, vielmehr durch Torsionen immer neue Flanken zur Konvexlinie werden. Diese Torsionen sind im Fall a dauernd antidrom, im Fall b zuerst homodrom (bis zur Gradstreckung), dann antidrom.

In diesen Torsionen sieht RAWITSCHER den Beweis dafür, „daß das Hauptwachstumsbestreben von Flanke zu Flanke wandert, in homodromer Richtung, und daß nicht eine Flanke einen dauernden lateralen Reiz empfängt". (S. 20.)

Somit sind für RAWITSCHER die Windesprosse dorsiventral. „Ein Windesproß verhält sich im Transversalversuch wie ein auf die Flanke gelegter plagiotroper Sproß: Die auf der Seite liegende Oberseite wird wieder nach oben gedreht, und zwar auf dem kürzesten Weg, so daß je nach der Lage der physiologischen Oberseite eine Torsion nach links oder nach rechts ausgeführt wird. Der Unterschied zwischen Windesprossen und plagiotropen Sprossen besteht darin, daß bei ersteren die Dorsiventralität nicht festgelegt ist, sondern um den Sproß herumwandert (in homodromer Richtung). Die Flanke mit dem stärksten Wachstum ist jeweils die physiologische Oberseite; wird sie durch eine Drehung auf die Seite oder nach unten gebracht, so tritt schnellstens die entsprechende Torsion auf. Nun braucht aber jede Torsion zu ihrer Ausführung eine gewisse Zeit und inzwischen wandert das Hauptwachstum in homodromer Richtung zur nächsten Flanke"; damit ist ein neuer Anstoß zur Bildung von Torsionen gegeben usw. „Im beschriebenen Fall können die antidromen Torsionen überhaupt nicht aufhören, solange der Sproß wagrecht liegt, und das verstärkte Wachstum oder, wie wir jetzt sagen können, die Richtung der Dorsiventralität wandert". (RAW. S. 20. 21.)

RAWITSCHER hat in seiner Figur 6a in dreiviertel Stunden eine Torsion von 180° auftreten sehen, in Figur 6b in 6 Stunden (von 10 h—4 h) eine von vielleicht 270° — und in Figur 7 nach fast 24 Stunden etwa 2 Umdrehungen —. Es ist nicht daran zu zweifeln, daß er auch in anderen Fällen solche Torsionen erhalten hat, aber es wäre sehr wünschenswert gewesen, wenn er mitgeteilt hätte, in welchem Ausmaß sie auftraten. Auch in dem Windefilm, den er in Stuttgart vorgeführt hat, und von dem er eine Kopie uns zu senden die Freundlichkeit hatte, treten diese Torsionen sehr schön auf und machen sich nicht nur in der Verlagerung der Tuschemarken, sondern besonders deutlich in der Drehbewegung einiger Blättchen geltend. Allein auch hier sind diese Torsionen doch recht begrenzt.

Im Film 1 (Phaseolus aufsteigend) finden wir nach 2 ½ Stunden ein halbe, nach 5 ½ Stunden eine ganze, und nach 9 Stunden höchstens anderthalb Umdrehungen. Im Film 2, bei Phaseolus „absteigend" ist an der am besten eingekrümmten (zunächst der Uhr) Pflanze überhaupt keine Torsion zu sehen, bei der andern nach 1 Stunde eine viertel bis eine halbe homodrome Torsion. Im Film 3 (Calystegia absteigend) ist zuerst nach 1 h 20 eine homodrome, später eine antidrome Torsion zu sehen, die jedenfalls nicht über dreiviertel Umdrehung hinausgeht.

Rawitschers Versuchspflanze macht nun in etwa 2 Stunden einen Umlauf. — Wenn die Torsion die Folge der autonomen Verlagerung des größten Wachstumsbestrebens wäre, so müßte man also in 24 h etwa 12 Torsionen auftreten sehen. — Billigt man aber der Ausbildung der Torsionen eine gewisse Zeit zu (Rawitscher S. 21), so müßte doch wenigstens irgendeine quantitative Beziehung zwischen Umlaufszeit des normalen Sproßgipfels und der Zahl der Torsionen sich geltend machen. Davon ist keine Rede. Vielmehr fällt auf, daß z. B. in Figur 6a die Torsion von 180° schon in dreiviertel h ausgebildet ist (ähnlich in Figur 7 — ähnlich in einem Film), während der Fortgang der Torsionen äußerst träg erfolgt. Wir haben solche Versuche vielfach nachgemacht und sind dabei zu folgendem Resultat gelangt:

Die Stärke der Torsion ist weitgehend abhängig von der Behinderung durch die überliegende Glasplatte. Wenn man nach 24 Stunden eine Torsion von 1—2 Umläufen (mehr wurde nie erhalten, aber oft weniger) hat und hebt jetzt die Glasplatte auf, so wird immer ein sehr großer Teil der Torsion rückgängig, wenn nicht die ganze. Das beweist, daß sie nicht durch Wachstum fixiert ist, was sie als autonome Bewegung sein müßte.

Was nun die Erklärung dieser Torsion anlangt, so muß zunächst gesagt werden, daß der erste Anfang, und zwar sowohl der antidromen im Fall a, wie der homodromen Torsion im Fall b auch nach der Nollschen Theorie wohl verständlich ist. Im Fall a wird eine Spitze horizontal gelegt, bei der zwar im Moment die Konvexseite maximal wächst, bei der aber die rechte — jetzt nach unten liegende — Flanke maximal lateral geotropisch gereizt wird, während auf der Konkavseite im Momente des Horizontallegens der orthogeotropische Reiz maximal war. Nach einer halben Stunde würde tatsächlich die stärkste Ausdehnung in der jetzt nach unten liegenden Flanke oder noch über diese hinaus bis halbwegs zur Konkavseite fortgeschritten sein. Es dürfte also lediglich Nachwirkung bisheriger Reizung sein, wenn das Verlängerungsbestreben in Richtung nach der Konkavflanke fortschreitet und, durch die Zwangslage veranlaßt, zu einer Torsion führt. Ohne nähere Begründung erhellt, daß diese selbe Nachwirkung im Fall b zu einer homodromen Torsion führen muß, wie sie RAWITSCHER auch beobachtet hat. — Auch an orthogeotropischen Stengeln kann man Torsionen erhalten, wenn man sie geotropisch reizt, aber an der Ausführung der Bewegung durch Glasplatten hemmt. Somit muß man sagen, daß die Deutung der Torsionen durch RAWITSCHER in keiner Weise einleuchtet. Und nur diese Deutung ist neu. Die Torsionen selbst sind oft genug beobachtet worden und sie sind auch — nicht nur in ihren Anfängen — für andere Theorien des Windens verständlich. Schon BARANETZKI hat solche antidrome Torsionen wohl gekannt; er schreibt S. 51: „ich will hier an einen Fall erinnern, wo die antidrome Torsion bei der symmetrischen Nutation der Sprosse entstehen kann. Das muß nämlich jedesmal entstehen, wenn eine symmetrisch nutierende Stengelspitze durch ein in ihrem Weg befindliches Hindernis aufgehalten wird". Kein Zweifel, daß zwei Glasplatten im Abstand von 6 mm ein solches Hindernis bieten! Ähnliche Bemerkungen finden sich auch bei anderen Autoren. Was nun die Erklärung dieser Torsion anlangt, so wollen wir (in Anbetracht der großen Schwierigkeit dieser Fragen) nicht behaupten, wir könnten diese ganz eindeutig und zweifelsfrei geben, aber immerhin werden doch die folgenden Bemerkungen zeigen, daß die Torsionen vom Standpunkt des Lateralgeotropismus mindestens ebenso leicht verständlich sind, wie vom Standpunkt der autonomen revolutiven Nutationen. Wenn — wie eben bemerkt — der Anfang der Torsion als Nachwirkung von Reizen erscheint, die schon wirkten, ehe die Pflanze in die Zwangslage kam, so müssen in dieser nach NOLL neue Flanken lateralgeotropisch und neue Unterseiten orthogeotropisch gereizt werden und sich zu verlängern streben. Wäre der Lateralgeotropismus allein wirksam, so müßte nach dem Ausklingen jener Nachwirkungen schließlich eine bestimmte Flanke dauernde Konvexseite werden. Da aber auch in der Spitze der kreisenden Pflanze Orthogeotropismus zum lateralen hinzutritt, muß immer auch ein Verlängerungsbestreben der physikalischen Unterseite hinzukommen und somit ein Torsionsbestreben resultieren. Wie groß dieses ist, läßt sich nicht allgemein sagen; es muß variieren je nach dem Zwang der Lage. Es ist aber ganz unabhängig von der Geschwindigkeit des freien Kreisens, während bei RAWITSCHERS Auffassung eine solche Beziehung — es soll nochmals betont werden — unbedingt vorhanden sein müßte.

Schließlich sei noch darauf hingewiesen, daß nach Rawitschers Vorstellung unbedingt auch ein in vertikaler Lage durch ein Gewicht festgehaltener Gipfel einer Windepflanze Torsionen ausführen müßte. Es ist uns wohl bekannt, daß Hendricks 1923 in der Tat unter solchen Umständen Torsionen gefunden hat. Bei Pharbitis traten sie aber im Laufe von 2 Tagen durchaus nicht auf; während nach Rawitscher Dutzende von Torsionen sich hätten bilden müssen.

In neuester Zeit ist noch eine Arbeit erschienen, die unsere Kenntnisse über den Windevorgang wesentlich erweitert: Teodoresco (1925) hat für zahlreiche Windepflanzen gezeigt, daß das Winden nicht so einfach „verhinderte kreisende Bewegung" ist, wie man sich das auf Grund von Beobachtungen an Pflanzen vorstellt, die weit ab vom lang überhängenden Gipfel zum erstenmal mit der Stütze in Berührung kommen. Die Tatsache, daß Windungen in viel geringerer Zahl auftreten als revolutive Nutationen erfolgen, ist jedem bekannt, der sich mit Windepflanzen beschäftigt hat, und sie findet wohl zum Teil eine Erklärung in den Beobachtungen Teodorescos, wonach zahlreiche kreisende Nutationen des Gipfels derart verlaufen, daß sie nicht zum Umschlingen des Gipfels führen, sondern alle auf einer Seite der Achse bleiben. Wenn jede revolutive Nutation auch zu einer Umwindung der Stütze führen sollte, dann müßte die Wachstumsintensität der Windestengel sehr viel größer sein, als sie gewöhnlich ist.

Wichtiger als dieses Ergebnis sind die Beobachtungen Teodorescos, daß auch bei vielen Pflanzen horizontale Stützen mit regelmäßigen Windungen umschlungen werden, und daß solche sogar am Klinostaten (bei einer Umdrehung pro Minute) erfolgen. Die Beobachtungen sind durch so viele Darstellungen der Projektionen und photographische Aufnahmen sichergestellt, daß man an ihnen nicht zweifeln kann; nachgeprüft haben wir sie bisher noch nicht. Schwieriger ist es sie zu deuten; kann man doch nicht einmal sicher sagen, ob eine gleichmäßige geotropische Reizung des Gipfels auch bei gut arbeitendem Klinostaten gewährleistet ist. So muß die weitere Aufklärung dieser Klinostatenwindungen der Zukunft überlassen bleiben. Für uns ist wichtig, daß solche Beobachtungen gewisse alte Erfahrungen nicht erschüttern. So bleibt bestehen, daß die jüngsten Windungen auf dem Klinostaten regelmäßig aufgelöst werden. Und die von uns bestätigte Beobachtung Úlehlas, wonach man empfindliche Stengelspitzen so auf dem Klinostaten befestigen kann, daß sie tagelang völlig gerade bleiben, wird auch nicht erschüttert.

Für uns ist zur Zeit noch keine Theorie des Windens völlig befriedigend. Daß die neuerdings von Rawitscher wieder angenommene völlige Autonomie der kreisenden Nutation nicht zutreffend sein kann, haben wir oben ausgeführt. Daß andererseits die Beobachtungen ÚLEHLAS sehr für die NOLLsche Theorie des Lateralgeotropismus sprechen, ist klar. Doch übersehen wir nicht, daß auch diese Schwierigkeiten hat. Vor allem ist es die erste Herstellung des charakteristischen Bogens der Windespitze. Sie erfolgt ja nach allgemeiner Ansicht aktiv, nicht durch Gewichtswirkung der Spitze. NOLL selbst nahm einen Transversalgeotropismus der Spitze an, der durch den Lateralgeotropismus des Bogens in den Orthogeotropismus der Basis übergeht. Aber gerade hier können ÚLEHLA und wir NOLL nicht folgen: wir finden den horizontalen Spitzenteil der Windepflanzen am stärksten lateral geotropisch.

Zusammenfassung der Resultate.

1. Im Anschluß an ÚLEHLA wird gezeigt, daß man die Spitze einer Windepflanze (Pharbitis), nachdem sie in der Verlängerung der vertikalen Stütze fixiert wurde, viele Stunden lang auf dem Klinostaten rotieren lassen kann, ohne daß sie eine Krümmung zeigt.

2. Dabei klingen die alten Reize aus und die Pflanze ist für neue Reize sehr empfindlich. Induktionen von wenigen Sekunden führen zu Krümmungen, die den Beginn der revolutiven Nutation darstellen. In diesen Krümmungen aber stecken zwei Momente: ein orthogeotropisches und ein lateralgeotropisches. ULEHLA hatte diese durch ihre verschiedene Präsentationszeit und Reaktionszeit getrennt. Wir haben mit Erfolg versucht, sehr kurze Reize — durch Perioden von Rotation getrennt — zu summieren, und es gelang so zu zeigen, daß die Impulse für die lateralgeotropischen Seitenkrümmungen zu größeren Krümmungen führen als die für orthogeotropische Aufkrümmung.

3. RAWITSCHER sieht die Ursache der revolutiven Nutation in einem autonomen Wandern der Epinastie. An horizontal gelegten Windesprossen sieht er antidrome Torsionen auftreten, die eine Folge dieses Wanderns der Epinastie sein sollen. Nach unserer Ansicht müßten die Torsionen dann in der gleichen Anzahl auftreten wie normalerweise die Nutationen, also in 24 h etwa 12, während RAWITSCHER im Maximum nur 2 Umläufe gewonnen hat. Auch müßten an einer in vertikaler Zwangslage befindlichen Spitze reichliche Torsionen auftreten, was nach unseren Versuchen nicht der Fall ist.

4. Die Beobachtungen von TEODORESCO sind zwar von großem Interesse, aber sie erfordern noch weitere Studien, um richtig gedeutet werden zu können. Jedenfalls werfen sie die bisherigen Vorstellungen über den

Einfluß der Schwerkraft auf die normale kreisende Bewegung nicht um; denn es werden eben an der invers gestellten Pflanze und auf dem Klinostaten tatsächlich die jüngsten Windungen rückgebildet. Wenn dann später neue sich bilden, so sind ihre Werdebedingungen erst zu erforschen.

Literatur.

Baranetzki 1883. Mém. acad. St. Petersburg (7) 3 1 Nr. 8.
Hendricks 1823. Botan. Gaz. 75.
Rawitscher 1924. Zeitschr. für Botanik. 16.
Teodoresco 1925. Annales des sciences naturelles Botanique (10 Ser.) Bd. 7.
Úlehla 1920. Botaniska Notiser.

FSC
www.fsc.org
MIX
Papier | Fördert gute Waldnutzung
FSC® C083411

Kolibri 360 GmbH
Ferdinand-Jühlke-Straße 7
99095 Erfurt, Deutschland
produktsicherheit@kolibri360.de